DÉPARTEMENT DE LA GIRONDE. — ENSEIGNEMENT AGRICOLE.

LETTRES

ADRESSÉES

A MESSIEURS LES PROPRIÉTAIRES RURAUX ET CULTIVATEURS

DU DÉPARTEMENT DE LA GIRONDE.

XI.me LETTRE (1856).

Explication sommaire des effets du Drainage.

*(Ces Lettres ou Instructions, sur les principaux sujets de l'Agriculture de la Gironde, sont rédigées et distribuées annuellement conformément aux intentions de l'*ADMINISTRATION DÉPARTEMENTALE *et au moyen d'une subvention spéciale votée pour cet objet).*

« L'empirisme attribue tout succès de l'art aux opérations » mécaniques de l'agriculture ; il les regarde comme ce qu'il » y a de plus important, sans s'enquérir des causes sur les- » quelles repose leur utilité ; et cependant c'est cette connais- » sance qui est réellement la plus importante ; car c'est par » elle que l'emploi des capitaux, que la dépense des forces se » règlent de la manière la plus avantageuse, en ce qu'elle en » prévient toute prodigalité. Est-il croyable que le passage du » soc ou de la herse (1) à travers la terre, que le simple con- » tact du fer suffisent pour communiquer la fertilité du sol » comme par magie ? Personne ne l'admettra assurément, et » pourtant c'est là une question qui n'est point encore décidée » en agriculture ; il est certain que ce qui exerce une influence » favorable dans un labour fait avec soin, c'est la division mé- » canique extrême, c'est le changement, c'est l'ameublissement » que ce labour produit à la surface du sol, mais l'opération » mécanique n'est ici qu'un simple moyen pour atteindre le » véritable but ».

(J. Liébig : *XXIII.e lettre sur la Chimie*).

(1) Il est plus que probable que si, à l'époque où le savant chimiste écrivait ces lignes, en 1844, le drainage eût été connu comme aujourd'hui, il l'eût et au même point de vue, également mentionné ici.

DÉPARTEMENT DE LA GIRONDE. — ENSEIGNEMENT AGRICOLE.

LETTRES

ADRESSÉES A MESSIEURS LES PROPRIÉTAIRES RURAUX ET CULTIVATEURS, PAR LE PROFESSEUR D'AGRICULTURE, CHARGÉ DE L'INSPECTION AGRICOLE DU DÉPARTEMENT DE LA GIRONDE.

ONZIÈME LETTRE (1).

Explications sommaires des effets du drainage.

« La plus part des entreprises agricoles demandent » une persévérance et une assiduité dont peu de gens » sont capables, et c'est surtout le cas de celles qui, » ne se bornant pas à une culture déjà établie, tendent » à opérer un perfectionnement ».

(Le Baron E. V. B. CRUD : *Economie théorique et pratique de l'Agriculture*).

MESSIEURS,

Le drainage, considéré comme pratique agricole, est aujourd'hui connu de tout le monde. Tout le monde sait effectivement que l'on entend par ce mot, emprunté à la langue anglaise, le placement dans la terre, à une certaine profondeur et à une certaine distance les uns des autres, de tuyaux en terre cuite, disposés d'après des règles que font connaître avec toute la clarté et toute

(1) Dans ces lettres, nous avons successivement traité des sujets suivants : 1848, *Culture du trèfle;* 1849, *Assainissement des terres;* 1850, *Prairies naturelles;* 1851, *Engrais;* 1852, *Labours;* 1853, *Culture de la luzerne;* 1854, *Culture des fourrages-racines;* 1855, *Théorie et Pratique du drainage.*

la simplicité désirables, les nombreux traités publiés sur la matière, tant en France qu'à l'étranger (1).

Mais si tout le monde est fixé sur l'opération en elle-même, il s'en faut de beaucoup que tout le monde le soit également, sur les conséquences qu'elle peut avoir, sur les résultats que l'on doit en attendre.

A cet égard, bien des idées erronées sont en circulation, ainsi que nous avons pu nous en convaincre nous-même plusieurs fois, et c'est là ce qui nous porte à penser que quelques mots d'explications, sur les effets du drainage, pourront encore avoir leur utilité ; ce qui nous décide à nous occuper de nouveau de cet important sujet.

Il est bien essentiel en effet, en matière d'agriculture, d'empêcher que les hommes qui veulent le progrès, qui le désirent sincèrement, ne fassent fausse route. Dans cette spécialité, les conséquences qui peuvent découler de semblables mécomptes sont déplorables, et, comme à la guerre, si l'homme qui marchait en avant, qui traçait la route aux autres, vient à se replier sur lui-même, il est impossible que, dans ce moment, il n'entraîne pas avec lui tous ceux qui le suivaient.

Sans donc nous faire illusion sur la portée que pourront avoir les détails sommaires qui vont suivre, nous pensons qu'il peut être utile de les publier ; qu'il peut être avantageux de joindre de nouveau quelques simples explications à tout ce que font en faveur du drainage, dans la Gironde, tant l'administration supérieure et l'administration départementale, que les nombreuses associations agricoles que possède ce département.

---

(2) Parmi ces traités, nous signalerons particulièrement : le *Manuel du drainage*, par M J. A. Barral ; le *Traité du drainage*, par M J. Leclerc.

Les effets du drainage sont nombreux et la plus part complexes ; cependant il est assez facile d'en former deux grandes divisions, en s'appuyant pour cela sur le genre d'appréciation qui peut plus spécialement être fait de chacun de ces effets.

1.° Effets physiques du drainage ;

2.° Effets chimiques du drainage.

PREMIÈRE PARTIE.

EFFETS PHYSIQUES DU DRAINAGE (1).

I.

« L'eau stagnante autour des racines des plantes les » tue assez rapidement, parce qu'elle y développe une » fermentation capable de produire des acides dont la » présence est nuisible en général à tous les êtres » organisés. »

(D.r F. Sacc.)

L'eau nécessaire à la végétation, celle qu'elle utilise et dont elle ne peut se passer, c'est l'eau que retient la molécule constituante de la terre, selon sa nature particulière, selon sa capacité, plus ou moins grande pour ce liquide (2).

---

(1) On nous permettra, nous l'espérons, de répéter quelques fois des passages de notre lettre de 1855, sur la *Théorie et la pratique du drainage :* les faits restant les mêmes, il n'est pas toujours facile de varier les termes qui ont servi à les exprimer une première fois.

(2) Pour comparer les terres à ce point de vue essentiel, il est un moyen bien simple et que tout le monde peut employer.

Que l'on fasse des petits sachets en toile, capables de contenir 50 grammes de terre. Que l'on mette dans chacun d'eux 50 grammes de chacune des terres à expérimenter, bien sèches et exactement pesées. Qu'on plonge ces sachets dans de l'eau et qu'on les y laisse au moins

Si, indépendamment de l'eau ainsi retenue, il arrive qu'il y en ait habituellement d'autre, celle-ci peut devenir nuisible. Or, il est facile de remarquer combien sont anciens et multipliés les moyens employés par l'agriculture pour se débarrasser de cet excès d'eau. A cet égard, ses préoccupations sont telles, qu'elle ne recourt jamais à l'irrigation, moyen dont la puissance est capitale sous notre climat, sans avoir tout disposé pour le facile écoulement de la surabondance des eaux employées ; sans s'être assurée que la terre avait une perméabilité capable de lui permettre d'être traitée de la sorte.

Ordinairement, la couche supérieure du sol, la couche arable, à une profondeur qui varie selon sa nature et sa position, mais qui se trouve dans un trop grand nombre de cas beaucoup trop restreinte, se rencontre dans cet état d'égouttement favorable à la végétation, et l'utilité du drainage se révèle ici quand il augmente la couche de terre ainsi disposée, ou quand il l'établit complètement là où elle n'existait pas.

De cette manière, les plantes disposent d'une plus grande quantité de terre convenablement préparée, au point de vue du degré d'humidité qu'elle doit leur offrir; leurs racines ont un plus grand espace à parcourir, avant d'atteindre la couche du sol où se fixe et où doit se fixer l'eau surabondante. De cette manière, l'existence souterraine de ces plantes devient plus active, plus puissante : au grand avantage de celle qui a lieu à l'extérieur, et qui procède toujours, la physiologie végétale le démontre, en raison directe de cette première.

---

quelques minutes ; qu'on les retire, qu'on les suspende pour les faire égoutter et qu'on les pèse lorsque cet égouttement est fini. Immédiatement, par la différence du poids, on jugera de la quantité d'eau retenue par chaque espèce de terre, de son pouvoir hygrométrique.

Quelques chiffres pourront ajouter à la clarté de cette démonstration.

Dans la Gironde, en moyenne, il tombe annuellement une hauteur d'eau de. . . . . $0^{m},659,1$.

Si toute cette eau restait à la surface du sol, au bout de l'année toutes nos terres en offriraient par conséquent, une couche de $0^{m},659,1$ et, chaque hectare, une quantité cubique de $6,591^{m}$, ou 65,910 hectolitres.

Toujours d'après cette dernière supposition et eu égard à nos propres observations durant les deux dernières années météorologiques (1), l'évaporation directe enlèverait la totalité de cette eau, sans épuiser même complètement le pouvoir que lui donnent, sous nos climats, l'ardeur des rayons solaires, la nature et la direction des vents régnants.

Mais l'évaporation telle qu'elle s'exerce sur une rivière, un bassin, etc...ou sur un vase destiné à la mesurer, n'est pas la même que celle qui se produit à la surface d'une terre mouillée, et moins encore à des profondeurs variables de cette même terre.

Ici l'on peut admettre qu'une très-grande quantité de l'eau dont il s'agit, est protégée contre l'évaporation par la couche arable; qu'elle reste retenue par elle et en quantité que règlent sa profondeur, sa nature, la situation et l'espèce de son sous-sol, la nature particulière de la saison, de l'année, etc...

On peut admettre aussi, que selon les cas divers tant intérieurs qu'extérieurs, et selon l'ensemble des circonstances que nous venons d'énumérer, cette même eau peut se trouver, ou en quantité telle que son action est

(1) L'année météorologique forme chacune des saisons de trois mois justes, à partir de Décembre, Janvier et Février qui forment l'hiver, ainsi de suite.

favorable, ou au contraire en quantité telle qu'elle peut nuire, soit par défaut soit par excès.

Or, encore, l'expérience prouve qu'un très-grand nombre de terres sont disposées de manière à donner lieu à cette dernière alternative ; à la présenter dans de telles proportions qu'elle peut nuire essentiellement à la culture, devenir même exclusive de toute culture.

On comprend donc tout ce que peut avoir d'avantageux, à ce premier point de vue, une pratique d'égouttement des terres qui, dans ses résultats et en apparence il est vrai, ne diffère pas d'une manière essentielle de celles employées jusqu'à ce jour ; si ce n'est cependant par une action beaucoup plus régulière, beaucoup plus sûre, et surtout, par le grand avantage de n'exiger à l'extérieur, rien qui puisse gêner la culture, amoindrir la surface des champs, exposer les animaux à quelque danger.

II.

« C'est que par ce moyen étant mise en évidence
» toute la force du terroir, aucune portion n'en
» demeure en arrière comme auparavant, le fonds
» en fructifie abondamment. »

(Olivier de Serres.)

Pour drainer un champ, pour placer dans sa partie inférieure, à la profondeur et à la distance voulue par les considérations diverses dont il faut tenir compte en pareil cas (1), les tuyaux que comporte cette opération, des travaux de fouille équivalant souvent à de profonds défoncements, sont nécessaires.

Or, en cette circonstance, l'homme qui draine suit, avec la même fidélité et avec le même profit, l'ingénieux

(1) Voir notre X.e Lettre, 1855, § V.

conseil que donnait, en ces termes à ses enfants, le laboureur de la fable :

> Remuez votre champ dès qu'on aura fait l'Août,
> Creusez, fouillez, bêchez, ne laissez nulle place
> Où la main ne passe et repasse ?

Et ici, quel est le cultivateur qui n'attache pas le plus haut prix aux bénéfices qui résultent, pour un terrain, d'une augmentation dans sa profondeur, d'une amélioration dans son égouttement ?

Plus un terrain est profond, plus il convient aux plantes diverses qu'admet la culture, et à celles en particulier dont les racines peuvent atteindre de longues dimensions, comme la luzerne ; ou dont le principal développement a lieu sous terre, comme la betterave.

Thaër établit fort bien (1) tous les avantages qui résultent de cette augmentation de profondeur, en insistant particulièrement sur ce qui a trait au blé, dont il dit avoir suivi les racines jusqu'à plus de trente centimètres et pour lequel, nos cultivateurs ne le savent pas assez, la profondeur du sol est une puissante garantie, contre ce dépérissement qu'il subit trop souvent aux premières chaleurs et contre le versement non moins funeste.

III.

> « La quantité différente d'humidité, influe beaucoup sur l'échauffement des terres par le soleil ».
>
> (D.r SCHUBLER.)

Les gens de la pratique donnent à une terre mouillée la qualification de *terre froide*. Cette manière de s'exprimer, que nous avons vu tourner en dérision par de prétendus connaisseurs en agriculture, et le nombre en est

(1) Tome III, § 735.

grand, est cependant pleine de vérité, en même temps qu'elle témoigne de la plus profonde et de la plus judicieuse observation.

La terre, pour s'échauffer, n'utilise la chaleur que lui portent les rayons solaires, qu'après s'être débarrassée de la surabondance d'humidité qu'elle contenait. Or, cet excès d'humidité, c'est principalement par la vaporisatian qu'elle s'en défait, et, comme cette vaporisation exige beaucoup de chaleur, il résulte de là, que plus une terre est mouillée, moins elle profite de la chaleur qu'elle pourrait recevoir; que plus une terre est mouillée, et plus longtemps elle reste froide (1).

Combattre cet excès d'humidité, c'est donc disposer la terre à s'échauffer plutôt au printemps, à être plus hâtive; c'est aussi la disposer à se refroidir plus tard à l'automne, à prêter à la maturation des fruits un concours plus prolongé; à se montrer munie de meilleures dispositions pour recevoir et pour favoriser les semailles de cette saison.

Qui n'a remarqué parmi nous la différence qui existe entre la fauche des prairies des *Graves* et celle des prairies des landes qui sont voisines? Cette différence est souvent de quinze jours, en faveur des premières, dont le sous-sol est très-perméable, et qui s'échauffent rapi-

---

(1) M. Pouillet établit que, pour produire une quantité de vapeur égale, en poids, à un gramme, il faut la même quantité de chaleur, capable d'élever, de 1 degré, la température de 550 grammes d'eau. *(Éléments de physique.)* En outre, M. Marchal, ingénieur des ponts et chaussées à Rouen, qui a exécuté de grands travaux de drainage dans la Seine-Inférieure, a également calculé que la vaporisation de 180,320 litres d'eau, qu'avait fournie un hectare de terre drainée, eût nécessité la combustion de 13,880 kilogr. de houille. (Voir aussi notre *Traité des terres cultivées*, p. 299; le *Manuel de drainage de M. de Barral*, p. 683, etc.)

dement au printemps; tandis que les secondes doivent leur retard à un sous-sol complètement imperméable, qui retient l'eau de l'hiver, et ne permet son dégagement que par la vaporisation.

Qui ne sait également que, dans nos *Queyries*, la maturation de la vigne et, par suite, les vendanges ont beaucoup gagné sous le rapport de la précocité, comparativement au siècle dernier, depuis les grands travaux d'assainissement effectués dans cette localité.

Aux environs de Bordeaux, une différence considérable, quant à cette même précocité, existe, et en faveur des premiers, entre les jardins des grâves et ceux dits des marais.

Enfin, il n'est pas douteux que la nature de la terre, siliceuse et caillouteuse des communes de Cérons, Barsac, Preignac, etc., jointe à un sous-sol la plus part du temps en calcaire fragmentaire, ne soient les causes déterminantes du privilège qu'ont ces communes de présenter les premières, au printemps, des petits pois sur le marché de Bordeaux.

IV.

« C'est la capillarité surtout qui conduit près des » parties spongieuses des racines, les liquides envi- » ronnants, lorsque les solutions en contact sont » absorbées ».

(M. A. Payen).

La capillarité est une propriété qu'ont les liquides de monter dans des tubes verticaux, à une hauteur d'autant plus grande que le diamètre de ces tubes est plus petit. Si ce diamètre a la finesse d'un cheveu, cette hauteur peut être considérable.

Cette propriété qui s'exerce dans certain corps, comme dans le sucre, par exemple, d'une manière très-remarquable, a lieu aussi dans les terres, et c'est ainsi que, durant la saison des chaleurs et des sécheresses, l'eau des couches inférieures du sol parvient à la couche supérieure, entretient sa fraîcheur, fournit aux besoins des racines, et empêche les plantes de se dessécher et de périr.

Dans une terre qui souffre de l'excès de l'humidité, ce phénomène ne peut avoir lieu, cet excès prévenant d'ailleurs les circonstances où il pourrait être nécessaire; où il pourrait assurer à celle-ci, indépendamment de la fraîcheur qu'il apporte, d'autres bénéfices non moins précieux et que nous signalons ci-après.

S'il arrive cependant que les chaleurs de l'été, les longues sécheresses, l'aient privée de cette grande quantité d'eau, qu'elles l'aient fait passer, comme nous le voyons tous les étés, dans les parties argileuses et tourbeuses de notre département, de cet excès à celui qui lui est opposé; alors la molécule terreuse qui a baigné longtemps dans l'eau, qui ne s'est affranchie de cet état que par le secours de l'évaporation, s'est en même temps agglutinée avec toutes celles qui ont pu avoir avec elle un contact quelconque, qui l'ont touchée par quelques points de sa circonférence. Réunies ainsi toutes ensemble, elles sont arrivées à former une masse solide, dure, compacte et au travers de laquelle, la capillarité ne peut s'exercer.

Dans cet état, quel que soit le sous-sol, par rapport à l'humidité; quel que soit le concours qu'il pourrait offrir à une terre, pour l'aider à supporter les effets de la sécheresse, pour assurer aux plantes qu'elle nourrit un des éléments les plus indispensables de leur existence: tous ces avantages sont sans utilité, le phénomène physique qui devait en garantir le bénéfice ne pouvant se produire.

Au contraire, dans les terres qui doivent au drainage

un salutaire et convenable égouttement, de pareils inconvénients n'ont pu surgir : l'eau en excès n'ayant fait que passer aux travers des molécules constituantes de ces terres, que glisser sur leur surface, ces molécules ont pu garder, les unes à l'égard des autres, une position qui permet, qui favorise l''action de la capillarité.

Ainsi et par ce qui précède, on comprend facilement toute la vérité de cette proposition, en apparence contradictoire, qui établit que le drainage, c'est-à-dire la méthode la plus parfaite que l'on puisse employer pour l'égouttement des terres, est en même temps, et avec non moins de vérité, la plus efficace pour mettre cette même terre à l'abri des effets, tout aussi désavantageux, de la sécheresse et de l'aridité.

Pour la terre drainée, ce dernier effet est d'autant plus sûr, que les couches propres à fournir à la capillarité, commencent immédiatement au-dessous de la ligne qui marque le niveau des drains; c'est-à-dire beaucoup plus bas qu'on ne le voit ordinairement pour les autres terres. Néanmoins, cela n'empêche pas qu'elle soit aussitôt parvenue aux racines des plantes, puisque dans cette même terre drainée, les racines descendent beaucoup plus bas.

Mais ici se manifeste encore un nouvel avantage. En provenant des couches plus inférieures du sol, l'eau que fait monter la capillarité a puisé, dans ces couches, des matières alimentaires que leur degré d'enfouissement avait jusque-là soustraites à l'action des plantes. Ces matières, elle a pu s'en charger, elle a pu les dissoudre, grâce à l'oxygène et aux autres agents de décomposition que les drains ont fait pénétrer jusqu'à cette profondeur, ainsi que nous allons le voir ci-après.

Déjà, dans des notes fort curieuses résultant d'un entretien avec le célèbre chimiste M. Sprengel et publiées par M. F. Bella, l'habile professeur avait fait remarquer que les plantes qui projettent profondément leurs racines dans le sol : « Outre qu'elles font profiter ce sol des éléments qu'elles puisent dans l'air, le font profiter encore des substances qu'elles vont aspirer dans le sous-sol, souvent à une assez grande profondeur, et qu'elles déposent à la surface, au moyen de leurs feuilles. Je me rappelle que M. Sprengel, ajoute M. Bella, me fit observer que ce sont précisément les arbres à racines traçantes et qui se contentent d'un terrain peu fertile, comme le Pin sylvestre (*Pinus sylvestris,* et aussi le pin de nos landes, *Pinus maritima*), qui enrichissent le moins le sol des forêts (1). »

V.

« En écartant les eaux stagnantes, et en préve-
» nant les exhalaisons nuisibles, on rend le climat
» plus salubre et plus favorable à la vie animale et
» végétale. »

(Sir John Sinclair).

Considérée dans son ensemble et à ce point de vue important, l'agriculture est un des moyens les plus actifs, les plus énergiques, les plus sûrs pour arriver à l'assainissement d'un pays. S'il nous était permis ici de développer cette proposition en son entier, nous pourrions faire remarquer que les contrées non encore civilisées, les *terres vierges,* ont toujours offert les plus graves dangers aux hommes et aux animaux qui ont entrepris, les premiers, de les soumettre au joug de la culture, et que ce n'est que peu à peu, et comme conséquence des travaux effectués et du temps écoulé, que

---

(1) *Annales de l'Institut agronomique de Grignon,* 10e livraison, p. 339.

le climat est devenu moins meurtrier, l'air plus sain, a vie plus sûre et plus longue *dans ses moyennes.*

La belle et riche contrée que nous habitons, le pays qu'ils appelaient la Gaule, fut longtemps pour les anciens Grecs et Romains, qui la défrichèrent, la mirent en culture et la civilisèrent, un lieu qu'ils abordaient avec méfiance, où les attendaient de redoutables maladies, où grand nombre d'entre eux étaient sûrs de trouver la mort. Plus récemment, et par rapport aux habitants de l'Europe, des circonstances analogues se sont produites et même se produisent encore sur les plages américaines. — Pendant les temps qui suivirent immédiatement la découverte de cette vaste contrée et qui furent témoins d'expéditions entreprises sur la plus vaste échelle, en voyant, dit l'auteur de l'*Histoire philosophique des deux Indes,* la consommation d'hommes qui se faisait dans ces régions, on pensa assez généralement qu'elles finiraient par dépeupler les états qui avaient l'ambition de s'y établir.

Hygiéniquement, lorsque l'eau, même sans croupir, sans donner lieu à de véritables marais, se maintient en quantité surabondante, dans une terre qui n'a, pour s'en débarrasser, que le secours de l'évaporation, il est impossible que l'état sanitaire du lieu n'en soit pas sensiblement altéré.

Nous savons, en effet, que grand nombre de contrées, en apparence dans les meilleures conditions pour garantir la santé de leurs habitants, présentent cependant des cas nombreux de fièvres plus ou moins malignes, dues à des émanations qui s'échappent de leur sein, dans la saison des chaleurs. Pour ce qui est particulier à Bordeaux, par exemple, qui n'a lu dans les chroniques de cette ville le récit des maladies contagieuses, des *pestes,* comme on le disait alors, qui ravageaient autrefois sa population et forçaient les habitants aisés, les administrations diverses, à chercher momentanément un refuge dans les villes voisines, à Libourne, à La Réole, etc....

Évidemment ce phénomène doit être attribué au séjour prolongé d'une eau surabondante, qui devient ainsi tout à la fois la cause, et d'une décomposition anormale des débris organiques contenus dans le sol, et le véhicule actif des principes dangereux résultant de cette décomposition.

On sait d'ailleurs que l'acidité que l'on remarque dans certaines prairies basses et qui se communique au foin toujours de mauvaise qualité, qu'on en obtient, est encore une conséquence d'une trop grande et trop constante humidité : instruits par leur instinct, les animaux repoussent un tel foin, qui leur est effectivement tout-à-fait contraire.

Ainsi, en cette occasion encore, la pratique qui consiste à égoutter convenablement les terres, concourt également à l'amélioration de leurs produits et à l'assainissement de l'air : au grand avantage des hommes, des animaux et des plantes. C'est ainsi que les dessèchements des marais, œuvres d'Henry IV, du cardinal de Sourdis, de M. de Tourny, ont rendu la ville de Bordeaux saine et habitable en toutes saisons. C'est ainsi également que la mise en culture des landes, ou leur semis en pins, après dessèchement préalable, ont beaucoup contribué à ces heureux résultats.

DEUXIÈME PARTIE.

EFFETS CHIMIQUES DU DRAINAGE.

VI.

« Le drainage est un labour souterrain ».
Aug. P.-L. (1).

Lorsque nous labourons nos terres, lorsque nous leur donnons une façon quelconque, l'un des buts essentiels de ce travail, c'est de faciliter à l'air son introduction dans leur intérieur ; c'est-à-dire, dans toute la partie de cette terre dont l'action, sur les plantes, est directe et immédiate. Ainsi s'explique en grande partie et d'une manière générale, la grande supériorité qu'ont les labours profonds sur ceux qui ne sont que superficiels.

Or, le drainage, est aussi un moyen de faire pénétrer l'air dans la terre et à une très-grande profondeur, puisque c'est par les tuyaux de drains que cette pénétration a lieu ; ces tuyaux étant bien rarement complètement remplis par l'eau qu'ils débitent ; et pouvant ainsi donner accès à un fluide extrêmement délié.

De la sorte, la terre se trouve en contact direct avec un des principaux agents de sa fécondité : à sa partie supérieure, par les travaux qu'on peut lui donner et, à sa partie inférieure, par les tuyaux de drains dont on l'a munie. D'où il résulte que, toute la couche comprise entre ces deux points, toute l'épaisseur que mesure la

(1) Si nous prenons pour épigraphe de ce sixième paragraphe nos propres paroles, certes ce n'est pas par un sentiment de vanité que rien ne saurait légitimer ; mais bien parce que ces paroles, déjà remarquées, déjà citées par des hommes compétents dans d'autres publications, nous paraissent exprimer parfaitement l'idée que nous voulons développer dans ce même paragraphe.

profondeur des drains, est réellement mise au service des plantes ; que celles de leurs racines que la nature destine à la perception des aliments contenus dans la terre, peuvent remplir leur utile fonction dans toute cette épaisseur.

Pour saisir cette conséquence, il suffit de mentionner ici, sans de plus longs détails, que l'air, par l'un des principes qu'il contient, l'oxygène, assure l'entière décomposition des débris organiques, déjà existants dans le sol naturellement, ou qui y ont été mis à titre d'engrais et par la main de l'homme, Que cette décomposition, et par suite la conversion des principes en résultant, en matières solubles ou gazeuses, sont les conditions essentielles de l'usage que peuvent en faire les plantes, du concours avantageux qu'elles peuvent en retirer.

L'acide carbonique surtout, cette source capitale de l'existence végétale, est toujours réglé dans le sol, quant à sa quantité, par l'air qui a pu y pénétrer, puisqu'un des éléments constitutifs de cet acide est emprunté à l'air : l'oxygène.

« Dans un sol perméable à l'air, dit M. J. Liébig, l'humus se comporte absolument comme dans l'air même, c'est-à-dire, qu'il présente une source lente et continue d'acide carbonique. Autour de chaque particule de l'humus en pourriture, il se forme aux dépens de l'oxygène de l'air, une atmosphère d'acide carbonique. Par l'ameublissement du sol, on favorise l'accès de l'air à l'humus, et l'on renferme dans la terre humide, ainsi préparée, une atmosphère d'acide carbonique ; de cette manière, on y place le premier et le plus important aliment de la jeune plante qui doit s'y développer (1) ».

---

(1) *Chimie organique appliquée à la physiologie végétale et à l'agriculture.*

Tous ces faits trouvent leur démontration, entr'autres, dans une expérience fort curieuse, faite en Angleterre par M. Simon Hutchinson, sur un *drainage à courant d'air* et dont voici le résumé.

« Un champ de quatre hectares consistant en un fort loam (1) reposant sur un sous-sol argileux, a été drainé en 1843, par 25 drains parallèles, profonds de 0^m61, espacés de 4^m57 les uns des autres, et se rendant tous dans un même drain principal.

» Au commencement de l'automne 1846, ce champ a été divisé en cinq parcelles contenant chacune 5 drains. Rien n'a été changé à l'état de deux parcelles des deux bouts, ni à la parcelle du milieu. Mais dans les deux parcelles n.° 2 et 4, les cinq drains ont eté réunis à leur partie supérieure par un canal permettant de hâter la circulation de l'air....

» Le champ tout entier fut cultivé en turneps et ensuite en blé; les labours, les engrais, et toutes les façons données à la terre furent identiquement les mêmes pour chacune des cinq parcelles; voici les résultats obtenus (2).

Le drainage à circulation d'air l'a emporté sur l'autre :

En turneps,	de. ...	8,780 k	par hectare.
En grain,	de. ...	7 h	
En paille,	de. ...	870 k	

Une seconde expérience donna encore des résultats analogues, et l'expérimentateur ajoute, que le blé venu sur le sol drainé avec circulation de l'air, obtint à la vente une faveur de 0 fr. 85 cent., et que la paille en était plus belle et meilleure.

(1) Cette qualification répond à celle que nous exprimons par *terre franche*.

(2) M J A Barral : *Manuel du drainage*, p. 661.

VII.

« L'atmosphère est le grand laboratoire dans lequel la nature opère sur d'immenses proportions ses décompositions, ses précipitations, ses compositions; comme un incommensurable récipient dans lequel tous les produits des corps terrestres, étendus et volatisés, transformés en gaz, en vapeurs, sont reçus, mêlés, combinés, élaborés ensemble, ou déposés et classés ».

(J. N. Schwerz).

Non-seulement, il ne faut pas que l'eau demeure en excès dans la couche de terre, où se passent les phénomènes de la végétation; mais encore il est fort essentiel que cette eau s'y renouvelle.

Si elle restait toujours la même, ceux des principes qu'elle renferme et qu'elle cède en totalité ou en partie aux matières organiques, pour achever leur décomposition, et à certaines matières minérales, pour modifier leur état primitif, seraient bientôt épuisés. Alors cette décomposition et ces changements se trouveraient suspendus, au grand désavantage de la végétation.

» Il y a, dit M. Chevreul, dans la pratique du drainage un fait digne d'attention, c'est le renouvellement de l'eau, qui détermine toujours l'introduction d'une certaine quantité d'air dans le sol; or, cette circonstance exerce une grande influence sur le bon résultat de la végétation. L'eau privée d'air qui séjourne dans le sol, y cause toujours des effets nuisibles, ainsi qu'on le remarque pour les arbres des boulevards de Paris, dont le milieu terrestre se trouve souvent dans des conditions telles, que l'air qui peut y pénétrer, a perdu son oxygène avant de pouvoir être absorbé par les racines : l'oxygène s'étant porté sur les matières organiques qui pénètrent dans le sol. « Ainsi, le célèbre chimiste ne doute pas qu'un des grands avantages du drainage, ne tienne à la circulation de l'air qu'il établit entre l'atmosphère et le sol, au moyen du mouvement de l'eau.

Cette circulation, cette abondance d'air dans une zône de terre qui n'en recevait pas ordinairement les atteintes, donne lieu à une production d'acide carbonique plus considérable; ce qui devient extrêmement favorable aux plantes, soit qu'elles consomment directement cet acide, soit qu'elles se trouvent lui devoir la solution de sels terreux également indispensables à leur existence.

Mais l'eau en pénétrant librement dans la terre, en y rencontrant à l'entrée et à la sortie les mêmes facilités, en pouvant ainsi s'y renouveler d'une manière incessante, assure encore à cette terre l'acquisition de substances non moins précieuses que l'air et d'une action encore plus directe sur l'alimentation des plantes. Cette eau, celle des pluies surtout et particulièrement des pluies d'orage, lui apporte l'ammoniaque; c'est-à-dire un gaz, une substance invisible comme l'air, mais douée de propriétés extrêmement favorables pour la végétation et admettant elle-même, comme constituant, un principe, l'azote, dont la valeur est telle que la chimie n'a pas hésité à le prendre pour base de l'appréciation des divers engrais, ainsi que l'alcool est pris pour juger de la force des différentes sortes de vins.

L'utilité des pluies, considérées comme sources principales de l'eau qui circule à la surface de la terre, qui la rafraichît, qui la pénètre à des profondeurs variables, n'est contestée par personne; encore moins par le cultivateur, exposé si souvent à se plaindre, soit de l'abondance, soit de la disette de ce précieux concours.

L'utilité des orages, qui ébranlent l'air, qui font trembler les hommes et les animaux, qui anéantissent trop souvent les récoltes, ne saurait non plus être mise en doute :

Et l'orage bruyant dont la secousse utile
Rend l'air fluide et pur et la *terre fertile.*

Le poëte qui a écrit ces vers avait parfaitement compris le but de ces grands phénomènes, si bien faits pour révéler la force de la nature et la puissance de son Créateur ; il explique en peu de mots leur utilité pratique, l'influence salutaire qu'ils exercent sur les produits de la terre, aux temps ou d'autres phénomènes moins apparents mais non moins réels, pourraient arriver à les détruire complètement. Certes, si les pluies d'orages venues après de fortes chaleurs et de longues sécheresses, n'apportaient aux plantes que de l'eau absolument pure, comme celle que peuvent leur donner les jardiniers, il ne serait pas possible de s'expliquer le bien-être immédiat, la satisfaction, les tressaillement de ces plantes à l'arrivée d'un secours ardemment désiré.

C'est qu'effectivement les eaux de pluies, et particulièrement les eaux de pluies d'orages, contiennent un principe extrêmement favorable à la végétation, ce que les chimistes appellent le gaz ammoniaque (1).

---

(1) Le gaz ammoniaque est une combinaison qui se produit fréquemment dans la nature, de deux autres gaz : l'hydrogène et l'azote.

L'ammoniaque, lorsqu'il se dégage en abondance, comme cela a lieu quand on manipule du guano, quand on transporte du fumier d'étable, quand on cure des fosses d'aisance, se décèle par une odeur piquante qui peut aller jusqu'a faire éternuer, jusqu'a provoquer des larmes, jusqu'à donner lieu aux accidents les plus graves

Mais une propriété essentielle de cette substance, au point de vue qui nous occupe, c'est celle que décrit ainsi M. Girardin *(Leçons de chimie élémentaire).* « Le gaz ammoniaque est un des gaz les plus solubles » dans l'eau, puisque ce liquide en dissout environ le tiers de son » poids, ou à peu près 430 fois son volume. Voilà pourquoi lorsqu'on » débouche dans l'eau un flacon plein de gaz ammoniaque pur, le liquide » s'y élance avec une telle rapidité, qu'on a peine à suivre son accension. » Voila pourquoi encore un fragment de glace qu'on introduit dans une » cloche de verre remplie du même gaz, en détermine si promptement » l'absorption que le mercure remplit aussitôt la cloche ».

Nous devons aux travaux de savants tels que Théodore de Saussure, Brandes, Liébig et plus récemment à ceux de MM. Boussingault, Deville, Barral, etc..., d'abord la constatation de la présence de l'ammoniaque dans les eaux de pluie; puis, ce qui était bien autrement important, bien autrement difficile, le dosage de la quantité de cette ammoniaque.

Or, sous ce dernier rapport, il résulte des travaux de M. Boussignault que la quantité d'ammoniaque trouvée dans les eaux serait :

Dans les eaux de sources. . ,	0,00000009
Dans les eaux de rivières. . .	0,00000018
Dans les eaux pluviales. . . .	0,00000072

Sans doute, ce sont de bien petites quantités, mais leur importance néanmoins peut être comprise, lorsqu'on songe que, dans la Gironde par exemple, il tombe, année commune, 65,910 hectolitres d'eau sur chaque hectare de terre. Donc, encore une fois, en favorisant à cette eau la pénétration du sol, en même temps et comme le fait remarquer l'éminent expérimentateur que nous venons de nommer, on lui assure un des agents les plus efficaces de la végétation, un agent qui concourt à l'élaboration des principes azotés des plantes.

Enfin la science a été plus loin encore ; elle s'est préoccupée des débris sans nombre, des poussières habituellement invisibles que renferme le vaste réservoir de l'atmosphère et que les pluies balaient de temps en temps et précipitent sur la terre.

Ecoutons à cet égard M. Boussingault. « Les vents et les ouragans, dit-il, en agitant violemment l'atmosphère; les courants ascendants dûs aux inégalités de température ; les volcans en émettant d'une manière incessante des gaz, des vapeurs et des cendres tellement divisées, que souvent elles vont s'abattre à de prodigieuses distances, portent et maintiennent dans les plus hautes régions, des corpuscules enlevés à la surface du sol ou arrachés à la partie interne et peut-être encore incandescente du globe. Dans les phénomènes liés à l'organisme des plantes et des animaux, ces substances si ténues, d'origine si diverses, dont l'air est le véhicule, exercent vraisemblablement une action bien plus prononcée, qu'on n'est communément porté à le supposer. Leur permanence est d'ailleurs mise hors de doute par le seul témoignage des sens, lorsqu'un rayon de soleil pénètre dans un lieu peu éclairé ; l'imagination se figure aisément, mais non sans un certain dégoût, tout ce que renferment ces poussières que nous respirons sans cesse, et que Bergmann a parfaitement caractérisées en les nommant les *immondices de l'atmosphère*..... Les eaux météoriques entraînent ces poussières en même temps qu'elles en dissolvent les matières solubles, parmi lesquelles se trouvent des sels fixes ammoniacaux, comme elles dissolvent la vapeur de carbonate d'ammoniaque et le gaz acide carbonique répandus dans l'air. Une pluie, lorsqu'elle commence, doit donc renfermer plus de principes solubles que lorsqu'elle finit, etc... (1).

De tout ce qui précède, une conséquence capitale et des plus curieuses peut être déduite : c'est que le drainage est un des moyens les plus faciles, les plus sûrs, les plus ingénieux, pour garantir à la terre ce que l'abbé Rozier appelait avec tant de raison *l'engrais météorique ;* ce que Schwerz, d'une manière non moins heureuse, a qualifié *d'engrais atmosphérique*.

Voilà un progrès bien digne d'être remarqué et un progrès réel ; puisqu'il s'agit ici, non d'ajouter au travail annuel de la culture, non d'augmenter l'engrais à

(1) *Mémoires de Chimie agricole et de physiologie*, p. 430.

y consacrer : deux obligations auxquelles déjà il n'est pas toujours facile de satisfaire ; mais bien de disposer les choses de telle sorte que la terre, par elle-même, puisse à l'avenir s'assimiler une part plus abondante des matières fertilisantes dont l'atmosphère est l'immense dépôt ; que la terre, par elle-même, puisse à l'avenir, rendre plus vive, plus énergique, la part qu'elle prend au grand acte de sa production ; accomplir plus complètement, plus utilement, l'obligation que lui imposa le Créateur, de tout faire pour seconder les travaux, les opérations diverses dont cette production est l'objet incessant, de la part de l'homme et des animaux qu'il associe à son œuvre.

Ainsi devient plus impérieux encore ce sage conseil que donnait Schwerz, dans un temps où cependant il ne pouvait soupçonner les facilités nouvelles réservées à la culture : « Dans l'application, le cultivateur ne peut pas voiturer à ses végétaux *l'engrais atmosphérique*, comme celui des étables ; aussi la nature lui épargne-t-elle cette peine ; *mais il faut qu'il soit soigneux de leur en assurer autant que possible le bienfait* (1). »

Mars 1856.

Le 30 avril 1855, un concours fut ouvert à la préfecture de la Gironde, pour la concession de deux machines à fabriquer les drains, dont S. Exc. M. le Ministre de l'agriculture, du commerce et des travaux publics avait fait les frais.

L'une de ces machines fut concédée à M. Monsion, demeurant à Sadirac (arrondissement de Bordeaux), lequel s'engagea à livrer ses produits à toute personne qui en ferait la de-

(1) *Préceptes d'agriculture pratique.*

mande, à raison de 30 fr. par 1,000 tuyaux de $0^m,06$ de diamètre, et à raison de 25 fr. par 1,000 tuyaux de $0^m,04$ de diamètre.

Il s'engagea en outre, à transporter les tuyaux, sans supplément de prix, à une distance de deux myriamètres de son usine.

La seconde machine fut adjugée à M. Nercam, demeurant à Fargues (arrondissement de Bazas), lequel s'obligea à livrer ses produits à raison de 40 fr. par 1,000 tuyaux de $0^m,06$ de diamètre, et à raison de 30 fr. par 1,000 tuyaux de $0^m,04$ de diamètre.

Chez les deux fabricants, les prix des manchons est le cinquième du prix des tuyaux auxquels ils devront être adaptés.

La Gironde compte en outre plusieurs autres fabriques de tuyaux de drainage, parmi lesquelles nous citerons : celles de MM. Clamageran et Roberty, au château de la Lambertie, près de Sainte-Foy; du château de Lagrange, à Saint-Laurent (Médoc); de M. Grimail, dans la même commune; de M Robert à Eysines; de MM. Domageau et C.ie, à Bègles, près du pont de Brienne, banlieue de Bordeaux, etc...

IMPRIMERIE DE TH. LAFARGUE, LIBRAIRE,
RUE PUITS DE BAGNE-CAP, 8.

www.ingramcontent.com/pod-product-compliance
Lightning Source LLC
LaVergne TN
LVHW052022160826
845678LV00003B/1167

9782329637532